essentials

essentials liefern aktuelles Wissen in konzentrierter Form. Die Essenz dessen, worauf es als „State-of-the-Art" in der gegenwärtigen Fachdiskussion oder in der Praxis ankommt. *essentials* informieren schnell, unkompliziert und verständlich

- als Einführung in ein aktuelles Thema aus Ihrem Fachgebiet
- als Einstieg in ein für Sie noch unbekanntes Themenfeld
- als Einblick, um zum Thema mitreden zu können

Die Bücher in elektronischer und gedruckter Form bringen das Expertenwissen von Springer-Fachautoren kompakt zur Darstellung. Sie sind besonders für die Nutzung als eBook auf Tablet-PCs, eBook-Readern und Smartphones geeignet. *essentials:* Wissensbausteine aus den Wirtschafts-, Sozial- und Geisteswissenschaften, aus Technik und Naturwissenschaften sowie aus Medizin, Psychologie und Gesundheitsberufen. Von renommierten Autoren aller Springer-Verlagsmarken.

Weitere Bände in der Reihe http://www.springer.com/series/13088

Tobias Schüttler

Relativistische Effekte bei der Satellitennavigation

Von Einstein zu GPS und Galileo

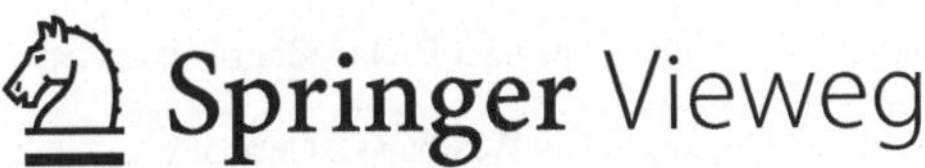

Tobias Schüttler
DLR_School_Lab Oberpfaffenhofen
Deutsches Zentrum für Luft- und
Raumfahrt (DLR) e. V.
Weßling, Deutschland

ISSN 2197-6708 ISSN 2197-6716 (electronic)
essentials
ISBN 978-3-658-22160-7 ISBN 978-3-658-22161-4 (eBook)
https://doi.org/10.1007/978-3-658-22161-4

Die Deutsche Nationalbibliothek verzeichnet diese Publikation in der Deutschen Nationalbibliografie; detaillierte bibliografische Daten sind im Internet über http://dnb.d-nb.de abrufbar.

Gedruckt auf säurefreiem und chlorfrei gebleichtem Papier

Springer Vieweg ist ein Imprint der eingetragenen Gesellschaft Springer Fachmedien Wiesbaden GmbH und ist ein Teil von Springer Nature
Die Anschrift der Gesellschaft ist: Abraham-Lincoln-Str. 46, 65189 Wiesbaden, Germany

Was Sie in diesem *essential* finden können

- Einen Überblick über das physikalische und mathematische Grundprinzip der Satellitennavigation mit GPS und Galileo
- Grundlegende Gedanken zur Zeit in der speziellen und allgemeinen Relativitätstheorie
- Einfach nachvollziehbare, formelfreie Beschreibung der relativistischen Einflüsse auf die Uhren der Navigationssatelliten
- Verständliche, aufs Wesentliche reduzierte, mathematische Betrachtung der relativistischen Einflüsse auf die Satellitenuhren
- Als Ausblick: Wie ein missglückter Satellitenstart zum Glücksfall für die Erforschung der Relativitätstheorie wurde

Vorwort

Dieser Aufsatz stellt den Versuch dar, zwei im Detail sehr komplexe Bereiche moderner Physik und Technik in möglichst allgemein verständlicher Weise vorzustellen und zu verknüpfen: Einsteins berühmte Relativitätstheorie und die Satellitenortung mit GPS und Galileo. Es leuchtet ein, dass dies nur durch starke Vereinfachung, insbesondere der mathematischen und technischen Hintergründe gelingen kann, weshalb zur Erläuterung der Grundideen in Kap. 1 und Kap. 2 fast vollständig auf Formeln und kompliziertere technische Betrachtungen verzichtet wurde. In Kap. 3 wird der Versuch unternommen, auf Basis von Betrachtungen, welche nicht, oder zumindest nur kaum, über schulmathematisches und -physikalisches Wissen hinausgehen, auch die Berechnungsgrundlagen zur Satellitenortung und den wichtigsten dabei durchgeführten relativistischen Korrekturen darzulegen. Dieses etwas mathematische Kapitel ist zwar für ein grundlegendes Verständnis der Vorgänge nicht zwingend erforderlich, aber dennoch, zumindest für mathematisch interessierte Leser, durchaus bereichernd. Kap. 4 stellt, nun wieder in allgemein verständlicher Sprache, die bei GPS und Galileo vorgenommenen relativistischen Korrekturen vor und widmet sich schließlich der Frage, welche praktische Bedeutung diese für die Ortung und andere Anwendungen haben. Ein aktuelles Forschungsprojekt zur Thematik (Kap. 5) schließt den Aufsatz ab.

Tobias Schüttler

Inhaltsverzeichnis

Wie funktioniert Satellitennavigation? 1

Satellitenortung, auch Satellitennavigation genannt, bezeichnet die Ortung eines Empfängers mithilfe von Satellitensignalen. Sie findet heute in sehr vielfältigen Bereichen des täglichen Lebens Anwendungen und ist aus unserem modernen Alltag kaum mehr wegzudenken. Tatsächlich handelt es sich bei der Satellitenortung jedoch um ein noch relativ junges Gebiet der Technik. Alle heutigen globalen Satellitenortungssysteme – kurz GNSS (global navigation satellite system) genannt, basieren dabei im Wesentlichen auf demselben physikalischen Funktionsprinzip und haben mit denselben technischen Herausforderungen zu kämpfen.

Die beiden derzeit wichtigsten GNSS sind das US-Amerikanische Navstar GPS (Navigation Satellite Timing and Ranging Global Positioning System) und das russische GLONASS (Globalnaja nawigazionnaja sputnikowaja sistema), welche es ermöglichen, mit entsprechenden Empfängern auf einige Meter, unter Hinzuziehung weiterer Satelliten oder bodengebundener Hilfseinrichtungen, bis auf wenige Zentimeter oder gar millimetergenau zu orten. Das europäische Satellitennavigationssystem Galileo, ist als einziges rein zu zivilen Nutzungszwecken entwickelt. Derzeit befindet es sich im Aufbau und soll spätestens im Jahre 2020 seine volle Verfügbarkeit erreicht haben (vgl. Tab. 1.1).

So unterschiedlich die drei genannten Systeme in ihren politischen und historischen Rahmenbedingungen sind, so ähnlich sind sie sich jedoch in ihren grundlegenden Funktionsprinzipien, welche im Folgenden kurz erläutert werden.

© Springer Fachmedien Wiesbaden GmbH, ein Teil von Springer Nature 2018
T. Schüttler, *Relativistische Effekte bei der Satellitennavigation,* essentials,
https://doi.org/10.1007/978-3-658-22161-4_1

Tab. 1.1 Überblick über die drei wichtigsten GNSS

	GPS	GLONASS	Galileo
Betreiber	US Verteidigungsministerium (DoD)	Russisches Verteidigungsministerium	European GNSS Agency GSA
Volle Betriebsbereitschaft seit	1995	Mit Unterbrechungen seit 1996	Voraussichtlich ab 2020
Anzahl der Satelliten (Februar 2018)	29, davon 14 älter als 10 Jahre	24 operationell 1 im Testbetrieb	20, davon 2 im falschen Orbit
Bahnhöhe der Satelliten	20.200 km	19.100 km	23.222 km

1.1 Grundprinzip der Satellitenortung

Die prinzipielle Funktionsweise von Satellitenortungssystemen ist schnell erklärt, jedoch sei darauf hingewiesen, dass zur Vereinfachung an dieser Stelle auf viele in der realen Umsetzung wichtige und zum Teil sehr komplexe Details verzichtet werden muss. Die Grundidee ist, dass man die Position eines Empfängers relativ zu einer bestimmten Anzahl von Satelliten bestimmt. Wenn nun die Position der Satelliten bekannt ist (und das ist sie!), kann man daraus die Position des Empfängers ableiten.

Zum einfacheren Verständnis betrachtet man vorerst einmal die Situation in einer Ebene (Abb. 1.1). Ist dort der Abstand eines Empfängers zu einem Satelliten bekannt, so reduziert dies den Aufenthaltsbereich des Empfängers auf einen Kreis. Kennt man den Abstand zu einem zweiten Satelliten, so wird der dadurch entstehende Positionskreis den ersten im Allgemeinen in zwei Punkten schneiden. Diese Information kann unter Umständen bereits ausreichend sein, wenn beispielsweise durch Geländemerkmale einer der beiden Schnittpunkte ausgeschlossen werden kann. Im Allgemeinen wird man jedoch zusätzlich noch die Information eines dritten Satelliten benötigen, welche ein eindeutiges Ergebnis liefert.

Da GNSS auch Positionen oberhalb des Erdbodens, wie sie beispielsweise in der Luftfahrt vorkommen, erfassen, also eine dreidimensionale Ortung ermöglichen sollen, ist es bei diesen notwendig, die Entfernung zu einem vierten Satelliten zu messen, um die Eindeutigkeit der Ortung zu erzielen (Abb. 1.2).

Dazu übertragen die Satelliten neben Korrekturparametern und Systeminformationen in ihrer Navigationsnachricht im Wesentlichen zwei Informationen: Ihre Bahndaten (und auch die der anderen Satelliten), sowie ein Zeitsignal. Die Bahndaten dienen

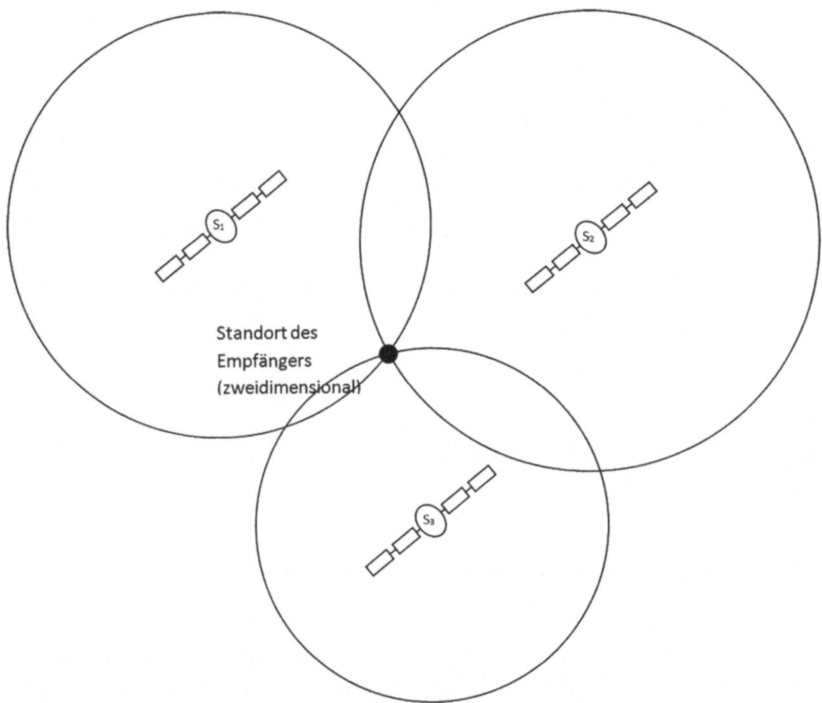

Abb. 1.1 Prinzip der Satellitenortung in der Ebene

der Lokalisierung der Satelliten, ermöglichen es also dem Empfänger festzulegen, in Bezug auf welche Referenzpunkte die Ortung erfolgt. Die Zeitsignale dienen der Abstandsmessung durch die Messung der Signallaufzeiten.

Das Prinzip dieser Laufzeitmessung zur Entfernungsbestimmung kann man gut an einem Alltagsbeispiel verstehen: Um die Entfernung eines Gewitters abzuschätzen, kann man die Sekunden zählen, die zwischen dem Sehen des Blitzes und dem darauffolgenden Hören des Donners vergehen. Der Zeitversatz zwischen der Wahrnehmung von Blitz und Donner entsteht dadurch, dass sich der Schall mit etwa 330 m pro Sekunde deutlich langsamer ausbreitet als das (Blitz-) Licht, welches in einer Sekunde 299.792.458 m zurücklegt und damit – im Vergleich zum Schall – nahezu ohne Zeitverzögerung beim Beobachter eintrifft. Beim Sehen des Blitzes startet also in gewissem Sinne eine Stoppuhr: wenn nun beispielsweise sechs Sekunden bis zum Eintreffen des Donners vergehen, ergibt sich daraus, dass das Gewitter beziehungsweise dieser eine gesehene Blitz

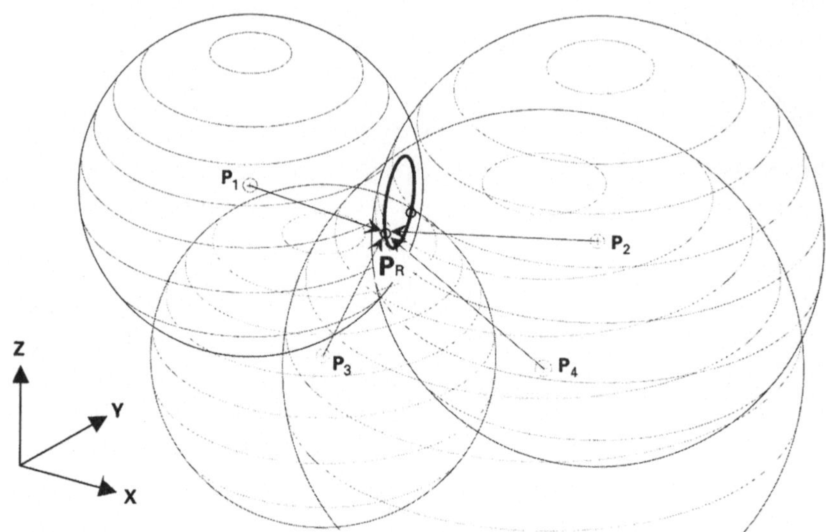

Abb. 1.2 Prinzip der Satellitenortung im dreidimensionalen Raum

$6 \cdot 330$ m ≈ 2000 m $= 2$ km entfernt war. Dieses Verfahren wird als Laufzeitmessung bezeichnet, da man die Zeit misst, welche ein Signal, in diesem Fall der akustisch wahrnehmbare Donner, benötigt, um eine bestimmte Strecke zu durchlaufen.

Das Prinzip der Laufzeitmessung wird auch bei der Satellitennavigation angewandt: Man misst die Dauer, welche die Funksignale eines Satelliten benötigen, um zum Empfänger zu gelangen. Jedoch breitet sich ein Funksignal mit Lichtgeschwindigkeit, also eben fast 300.000 km pro Sekunde, äußerst schnell aus, was die Anforderungen an die Exaktheit der Laufzeitmessung drastisch erhöht. Zum Beispiel würde man bei einem Messfehler von nur einer Millionstel Sekunde bereits einen um 300 m falschen Abstand messen – ein zur exakten Navigation vollkommen unbrauchbarer Wert.

Zur besseren Vorstellbarkeit: Ein wirklich äußerst guter Chronometer geht in einem Monat ca. eine Sekunde falsch, was in etwa einem Fehler von einer Millionstel Sekunde pro Sekunde entspricht. Dies bedeutet: Würde man Satellitennavigation mithilfe von Chronometern betreiben, so würde man pro Sekunde einen Navigationsfehler von etwa 300 m erzeugen! Daher ist Satellitenortung nur durch die Verwendung hoch genauer Atomuhren möglich.

1.2 Satellitenortung etwas genauer betrachtet

Für die tatsächliche Realisierung der Laufzeitmessung ist, neben eher technischen Überlegungen, noch ein anderer prinzipieller Aspekt von Bedeutung: Um die Satellitensignallaufzeit überhaupt messen zu können, ist es leider nicht möglich, wie im Beispiel des Gewitters, durch irgendeine „äußere Instanz" (beim Gewitter war dies das Wahrnehmen des Blitzes) gewissermaßen eine Stoppuhr zu starten, sobald das Signal den Satelliten verlässt, und diese dann zu stoppen, wenn es beim Empfänger eintrifft. Es ist daher notwendig, dem Satellitensignal in gewissem Sinne die Uhrzeit aufzuprägen, zu welcher es ausgesandt wurde. Im Empfänger kann man dann diese Uhrzeit mit der Empfangsuhrzeit vergleichen und erhält aus der Differenz aus Empfänger- und Satellitenzeit die Signallaufzeit. Jedoch muss sichergestellt sein, dass die Empfängerzeit mit der Satellitenzeit synchronisiert ist, die Empfängeruhr also weder vor- noch nachgeht! Und wie zuvor angesprochen, sind lediglich kleinste Abweichungen, wie sie bei Atomuhren vorkommen, akzeptabel, da bereits kleine Fehler in der Messung eine sehr große Auswirkung haben.

Wie gelingt es nun aber, die Uhren der Empfänger mit denen der Satelliten zu synchronisieren? Um dies zu veranschaulichen, betrachten wir folgende Situation: Angenommen, die Empfängeruhr geht ein Wenig, beispielsweise eine Millionstelsekunde, vor. Dann wird die Laufzeit aller Satelliten um genau diese Millionstelsekunde überschätzt, was zu falschen Messwerten führt. Man nennt die so gemessenen falschen Entfernungen „Pseudoranges" oder Pseudoentfernungen. Im Beispiel wären die Messungen allesamt um 300 m zu groß, da die Funksignale ja pro Sekunde 300.000 km und daher in einer Millionstelsekunde 0,3 km = 300 m zurücklegen. Wie Abb. 1.3 zeigt, schneiden sich die Positionskreise dann aber nicht mehr alle in einem Punkt, da ihre Radien, welche ja gerade den Abstand der Satelliten vom Empfänger angeben, allesamt um ein Stück, im Beispiel um 300 m, zu groß sind.

Die Größe der Kreisradien $\widetilde{r}_i$ (im dreidimensionalen Raum sind es Kugelradien, aber das ändert nichts am Grundprinzip) entspricht der Signallaufzeit – genauer: Dem Produkt aus der gemessenen (also unter Umständen falschen) Signallaufzeit mit der Lichtgeschwindigkeit:

$\widetilde{r}_i = c \cdot \Delta \widetilde{t}_i$. Dabei ist $\Delta \widetilde{t}_i = \Delta t_i + \Delta t_E$ die jeweils gemessene „Pseudo-Signallaufzeit", welche sich aus der tatsächlichen Laufzeit Δt_i und dem Uhrenfehler Δt_E zusammensetzt.

Auf den ersten Blick erhalten wir also durch die Ungenauigkeit der Empfängeruhr auch nur eine ungenaue Positionsangabe – ein Ergebnis, das wenig überrascht.

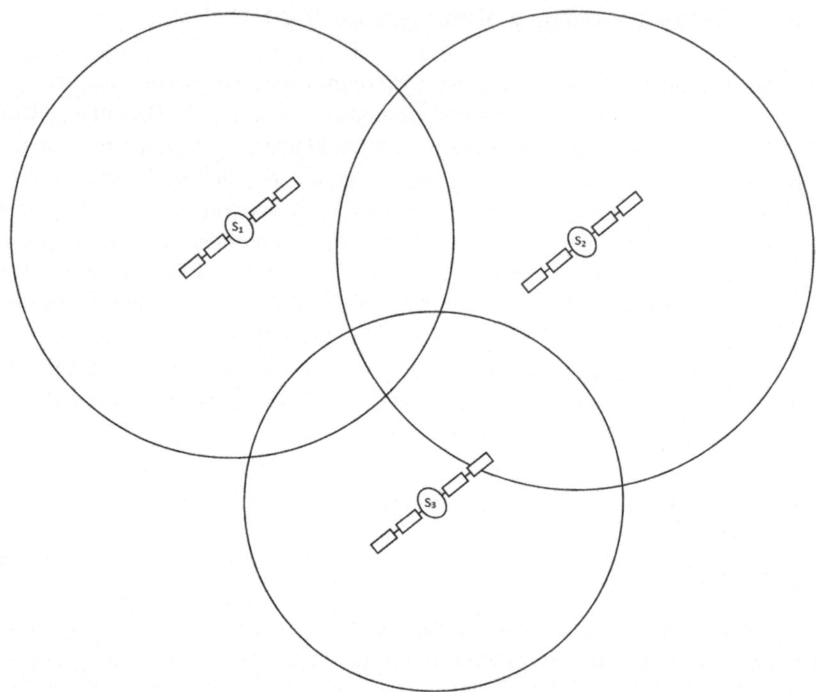

Abb. 1.3 Positionskreise mit zu großen Radien: Die Kreise schneiden sich nicht in einem Punkt!

Auf den zweiten Blick sind jedoch zwei Aspekte festzuhalten, welche zur Lösung des Problems verhelfen werden:

1. Der durch die Empfängeruhr verursachte absolute Fehler in den Pseudoranges ist für jede Messung identisch, da er nur aus einer einzigen Quelle, nämlich der Empfängeruhr, herrührt.
2. Wir *wissen,* dass die Empfängerposition eindeutig sein muss!

Lässt man nun diese beiden zusätzlichen Informationen in die konkrete Berechnung der Position mit einfließen, kann der Uhrenfehler und damit letztlich auch die Positionsungenauigkeit eliminiert werden. Von der Idee her kann man sich das so vorstellen: Im obigen Beispiel sieht man an Hand der Abbildung unmittelbar, dass die Empfängeruhr vorgehen muss, da die Kreise zu groß sind. Man weiß also, dass die tatsächliche Signallaufzeit etwas geringer sein muss, dass also die Empfängeruhr etwas vorgeht. Nun wird die Positionsberechnung einfach noch ein zweites Mal durchgeführt, diesmal mit einer etwas verringerten „Pseudo-Laufzeit" $\widetilde{\Delta t_i}$, also so zu sagen mit einer leicht nachkorrigierten Uhr. Dieses Verfahren wiederholt man so lange, bis sich die Kreise in genau einem einzigen Punkt schneiden, und somit $\Delta t_E = 0$ ist.

Im Ergebnis führt dies dazu, dass einerseits der Empfänger eine korrekte Position, nämlich den dann eindeutigen Schnittpunkt der drei Kreise, ermittelt, andererseits im selben Zuge seine interne Navigationsuhr mit den Satellitenuhren synchronisiert. Das bedeutet: Sobald der Empfänger eine präzise Ortung durchführen kann, läuft seine interne „Navigationsuhr" synchron mit den Satellitenuhren, also der Systemzeit! In den Satellitennavigationsempfängern werden in Wirklichkeit keine Kreis- oder Kugelschnittpunkte untersucht sondern mathematische Verfahren, die auf diesen geometrischen Überlegungen basieren.

Das über die Synchronisierung von Empfänger- und Satellitenuhren gesagte gilt natürlich erst recht für die Satellitenuhren untereinander. Es ist eine zentrale Aufgabe der Kontrollstationen neben der Überwachung der einwandfreien Funktion und der Position der Satelliten dafür zu sorgen, dass die sogenannte Systemzeit bei allen Satelliten möglichst exakt gleich ist, dass also alle Uhren möglichst synchron laufen. Für ihre jeweilige Systemzeit verwenden GPS und Glonass eigene Startwerte. Während wir es gewohnt sind, unsere Uhren nach der sogenannten UTC, der universellen Weltzeit (universal time coordinated) zu stellen, haben GPS und Glonass davon entkoppelte Systeme. Sie nutzen zwar dieselben Zeiteinheiten, also Sekunden etc., haben aber andere Startpunkte, von denen an einfach hoch gezählt wird. So ist beispielsweise das Anfangsdatum bei GPS der 6. Januar 1980 um 0.00 Uhr (UTC). Zwischen der GPS-Systemzeit und der UTC liegt mittlerweile ein Unterschied von einigen Sekunden, wobei von der GPS Master Control Station darauf geachtet wird, dass sich beide Zeitsysteme immer um ganze Sekunden unterscheiden. Der Unterschied wird den GPS-Empfängern in der Navigationsnachricht mitgeteilt.

Was hat Einstein mit Satellitennavigation zu tun? 2

Es ist schon eigenartig – keine physikalische Größe können wir heute so genau messen, wie die Zeit, und doch kann niemand wirklich sagen, was Zeit eigentlich ist. Gut auf den Punkt bringt es der englische theoretische Physiker John A. Wheeler in seinem bekannten Bonmot:

> Time is what prevents everything from happening at once.

Über die Natur der Zeit wissen wir zwar nach wie vor nicht viel, jedoch ist mittlerweile klar, dass auch die Zeit keine vollkommen unveränderliche, immer gleichförmig verlaufende, unbeeinflussbare Größe darstellt, wie man bis zu den bahnbrechenden Entdeckungen Einsteins zu Beginn des 20. Jahrhunderts annahm. Seine Arbeiten rund um die spezielle und die allgemeine Relativitätstheorie zeigten, dass Uhren anders gehen können, je nachdem, wie schnell man sich mit ihnen bewegt und sogar je nachdem, wo man sich damit befindet. Da dieser Umstand derart faszinierend und, wie wir noch sehen werden, im Bereich der Satellitennavigation ebenfalls von Bedeutung ist, sollen einige Grundideen der Relativitätstheorien im Folgenden kurz beleuchtet werden. Dabei können jedoch nur elementare Aspekte zur Sprache kommen, da insbesondere die allgemeine Relativitätstheorie große mathematische Fähigkeiten erfordert, welche weit über die Lektüre dieser Seiten hinaus gehen.

© Springer Fachmedien Wiesbaden GmbH, ein Teil von Springer Nature 2018
T. Schüttler, *Relativistische Effekte bei der Satellitennavigation*, essentials,
https://doi.org/10.1007/978-3-658-22161-4_2

2.1   Die relative Zeit

Gegen Ende des 19. und zu Beginn des 20. Jahrhunderts versuchten Physiker, die neuen Entdeckungen auf dem Gebiet der Elektrodynamik mit der Physik Newtons in Einklang zu bringen und standen recht bald vor ernsthaften Schwierigkeiten. Der schottische Physiker James Maxwell hatte mithilfe seiner vier berühmten Gleichungen die Wellennatur elektromagnetischer Strahlung erkannt und überaus erfolgreich beschrieben. Da nach der damaligen Anschauung für Wellen aber immer ein „Träger", also ein Ausbreitungsmedium, notwendig war, war es nicht zu erklären, dass sich elektromagnetische Wellen auch durch das Vakuum des Weltalls ausbreiten konnten. Die gängige Lehrmeinung dazu war, dass das Universum von einem nicht näher zu beschreibenden „Äther" durchdrungen sei, welcher als dieses Ausbreitungsmedium fungiere.

Da Licht mithilfe des „Farrady Effektes" (benannt nach dem englischen Naturwissenschaftler Michael Farraday) eindeutig als elektromagnetische Welle identifiziert worden war, mussten die Gesetzmäßigkeiten der elektromagnetischen Wellen auch für Licht gelten. Licht sollte sich also nach dieser Theorie ebenfalls in dem dann sogenannten Lichtäther ausbreiten, welcher von den meisten Physikern selbst als ruhend angenommen wurde. Begründet wurde diese Annahme mit experimentellen Ergebnissen, welche mit einem Äther, der sich mit der Erde mitbewegte, nicht in Einklang zu bringen waren.

In einem historischen Experiment, welches Albert Michelson und Edward Morley gegen Ende des 19. Jahrhunderts durchführten, sollte gezeigt werden, dass sich die Erde durch den Äther hindurch bewegte. Der Äther wurde demnach als eine Art fundamentales Bezugssystem des Raumes angenommen, in welchem die Bewegung von Körpern stattfand. Wenn dies so wäre, so dachte man, müsste man bei einer entsprechend schnellen Bewegung durch diesen Äther eine Art „Ätherwind" messen können. Tatsächlich konnten Michelson und Morley aber eben keinen Ätherwind messen, ganz gleich, wie sie ihren Versuch auch drehten und wendeten.

Das Experiment basiert darauf, dass sich die Erde auf ihrer Umlaufbahn um die Sonne sehr schnell mit etwa 30 km/s bewegt – je nachdem in welche Richtung sich ein Lichtstrahl von der Erde ausbreitet, sollte man also relativ zu einem ruhenden Lichtäther unterschiedliche Werte für die Lichtgeschwindigkeit c messen (Abb. 2.1). Die experimentelle Herausforderung bestand darin, trotz des im Vergleich zur Bahngeschwindigkeit der Erde sehr hohen Wertes von $c = 300.000$ km/s einen messbaren Effekt nachzuweisen. Nach mehreren Versuchen entwickelten Michelson und Morley einen Versuchsaufbau, der die aus

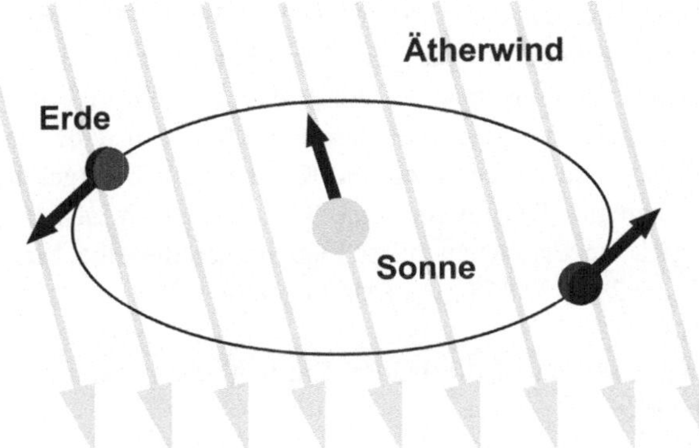

Abb. 2.1 Grundidee des Experiments von Michelson und Morley: Die Erde sollte sich nach gängiger Lehrmeinung durch den „Äther" bewegen. Diese Bewegung sollte man messen können. (Quelle: Wikipedia)

der Lichtäthertheorie vorhergesagten Unterschiede eindeutig hätte nachweisen müssen. Trotz intensiver Bemühungen gelang dies nicht.

Dennoch wurde in der Folge von den meisten Physikern versucht, an der Existenz eines Äthers festzuhalten. Erst der junge Patentamtsangestellte Albert Einstein traute sich, diese Hypothese vollständig über Bord zu werfen und erkannte darüber hinaus, dass die Äthertheorie einem von ihm als fundamental erachteten Prinzip, dem sogenannten Relativitätsprinzip, widersprach. Dieses besagt:

> Die Gesetze, nach denen sich die Zustände der physikalischen Systeme ändern, sind unabhängig davon, auf welches von zwei relativ zueinander in gleichförmiger Translationsbewegung befindlichen Koordinatensystemen diese Zustandsänderungen bezogen werden (A. Einstein 1905).

In heute üblicherer Sprache würde man sagen, dass alle gleichförmig bewegten Bezugssysteme zur Beschreibung der Naturgesetze vollkommen gleichberechtigt sind. Man wird demnach beispielsweise in einem mit konstanter Geschwindigkeit geradeaus fahrenden Zug alleine durch Messung zu denselben Naturgesetzen kommen, wie auf dem bezüglich des Zuges ruhenden Bahnsteig. Gäbe es jedoch einen Äther, so wäre es, beispielsweise mit dem Experiment von Michelson und Morley, möglich, eine gleichförmige Bewegung relativ zu diesem festzustellen, was dem Relativitätsprinzip widerspräche.

Ein fundamentales Ergebnis des Michelson-Morley-Experiments war, dass die Lichtgeschwindigkeit immer denselben konstanten Wert annimmt, ganz gleich in welcher Richtung man sie misst, und das, obwohl sich die Erde und damit die Lichtquelle bewegt. Einstein nahm, ohne sich dabei auf das Michelson-Morley-Experiment zu beziehen. die Konstanz der Lichtgeschwindigkeit als zweites fundamentales Prinzip für seine Theorie einfach an[1]: In jedem gleichförmig bewegten Bezugssystem misst man immer dieselbe Lichtgeschwindigkeit, nämlich $c = 299.792.458$ m/s. (Als ungefähren Wert verwendet man meist 300.000 km/s.)

Zusammengefasst lauten die beiden Einstein'schen Postulate der speziellen Relativitätstheorie:

1. **Relativitätsprinzip:** Die Gesetze der Physik sind invariant in allen Inertialsystemen.
2. **Konstanz der Lichtgeschwindigkeit:** Die Vakuumlichtgeschwindigkeit ist gleich dem Wert $c = 299.792.458$ m/s, unabhängig von der Bewegung der Lichtquelle.

Diese auf den ersten Blick recht einfach klingenden Prinzipien führen bei genauerer Betrachtung aber zu schweren Widersprüchen zu unserer alltäglichen Vorstellung von Raum und Zeit und sie hatten letztlich als Konsequenz, dass deren physikalischen Konzepte vollkommen neu zu denken waren. Bis zur Entwicklung der Relativitätstheorien wurde die Zeit gemäß der Newton'schen Physik als gleichförmig fließend aber eigentlich nicht näher zu beschreiben dargestellt, was auch im Wesentlichen unserer Wahrnehmung entspricht:

> Die absolute, wahre und mathematische Zeit verfließt an sich und vermöge ihrer Natur gleichförmig und ohne Beziehung auf irgendeinen äußeren Gegenstand (Isaac Newton 1687).

Um den sich aus den Einstein'schen Postulaten ergebenden Widerspruch zu verstehen, soll ein auch von diesem selbst zur Erklärung herangezogenes Gedankenexperiment zur Relativität der Gleichzeitigkeit dienen: Exakt in der Mitte eines Bahnsteiges stehe eine Blitzlichtlampe. Wenn diese nun in alle Richtungen einen Lichtblitz aussendet, so benötigt dieser aus Sicht einer Person auf dem Bahnsteig

---

[1]Selbstverständlich hatte Einstein gute Gründe für diese Annahme, deren Betrachtung aber hier den Rahmen sprengen würde.

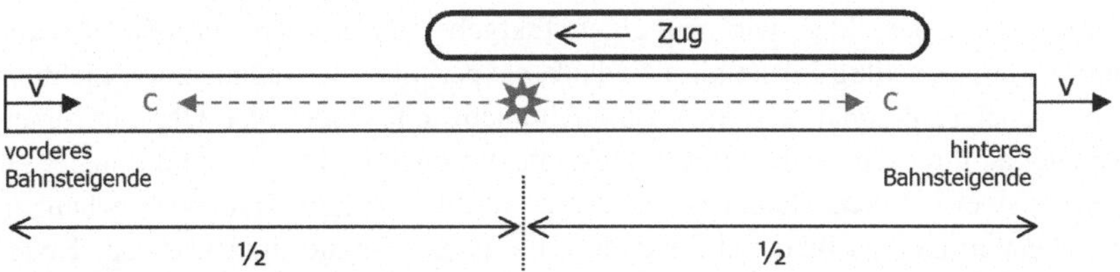

Abb. 2.2 Bei Einfahrt des Zuges, leuchtet eine Lampe hell auf. (Quelle: Wikipedia)

dieselbe Zeit, um zum Anfang und zum Ende des Bahnsteigs zu gelangen. Aus Sicht des Beobachters findet also das Eintreffen der Lichtblitze an beiden Bahnsteigenden gleichzeitig statt. Wie verhält es sich nun aber aus Sicht eines Beobachters, der sich in einem durch den Bahnsteig mit konstanter Geschwindigkeit v hindurch fahrenden Zug befindet?

Im Folgenden wird die Seite des Bahnsteiges, welche der Zug als erstes passiert, als „Anfang", die andere als dessen „Ende" bezeichnet. Für einen Beobachter im Zug erscheint es, als wenn sich der Bahnsteig mit konstanter Geschwindigkeit $-v$ am Zug vorbei bewegen würde. Nach dem Einstein'schen Relativitätsprinzip ist diese Sichtweise vollkommen gerechtfertigt. Durch die (scheinbare) Bewegung des Bahnsteiges auf die Lichtquelle zu, wird der Lichtweg zum Bahnsteigende hin verkürzt, zum Anfang hin verlängert. Da die Lichtgeschwindigkeit konstant ist, kommt nun aus Sicht des Beobachters im Zug der Lichtblitz früher am Ende des Bahnsteigs an als an dessen Anfang. Die beiden Ereignisse sind aus seiner Sicht nicht gleichzeitig (Abb. 2.2)!

Der Lichtblitz wird also aus Sicht des Zugpassagiers zum einen Ende des Bahnsteiges länger brauchen als zum anderen. Albert Einstein löste dieses Dilemma mit der Feststellung, dass beide Beobachter ihre Messergebnisse in unterschiedlichen, relativ zueinander bewegten Bezugssystemen erhalten. Die Zeit in diesen unterschiedlichen Systemen vergeht nicht gleich!

2.2 Überlegungen zur speziellen und allgemeinen Relativitätstheorie (noch) ohne Formeln

Eine Uhr kann im Prinzip immer als eine Kombination aus Frequenznormale (Tick-Tack) und Zählwerk beschrieben, wobei die taktgebende Schwingung mechanisch (Pendel), elektrisch (Schwingquarz) oder aus den Gesetzen der Atomphysik resultierend (genau genommen ebenfalls elektromagnetisch) sein kann. Eine andere Idee, wie man einen Taktgeber für eine Uhr prinzipiell realisieren könnte, schlug Einstein im Gedankenexperiment der sogenannten Lichtuhr vor. Dabei stellt man sich eine Blitzlichtquelle am Boden der Uhr und einen Spiegel an ihrer Oberseite vor. Der Abstand zwischen Lichtquelle und Spiegel sei beispielsweise 30 cm. Dann benötigt der Lichtblitz, um zum Spiegel zu gelangen, recht genau eine Milliardstel Sekunde (eine Nanosekunde) und nach der Reflexion ebenso lange wieder zurück. Sorgt man nun dafür, dass sich der Vorgang wiederholt, hat man ein jeweils eine Nanosekunde, also eine Milliardstel Sekunde langes Tick beziehungsweise Tack der Lichtuhr. In einer Sekunde würde man also 500 Mio. Tick-Tacks zählen.

2.2.1 Bewegte Uhren

Eine solche Lichtuhr soll sich nun in Gedanken in einem Zug befinden, eine zweite absolut baugleiche stehe am Bahnsteig als Vergleichsuhr. Wenn der Zug nun mit konstanter Geschwindigkeit am Bahnsteig vorbei fährt, erscheint der Lichtweg der Lichtuhr im Zug anders, als bei der Uhr am Bahnsteig. Am besten macht man sich das mit einer Skizze (Abb. 2.3) klar.

Durch die Bewegung des Zuges bewegen sich auch die Spiegel der Lichtuhr in diesem. Dadurch kommt der am Bahnsteig stehende Beobachter zum Ergebnis, dass der Lichtblitz im Zug einen weiteren Weg zurücklegen muss als bei der ruhenden Uhr am Bahnsteig. Weil sich beide Lichtblitze aber mit der gleichen Geschwindigkeit c ausbreiten, wird der Bahnsteigbeobachter, wenn seine Uhr

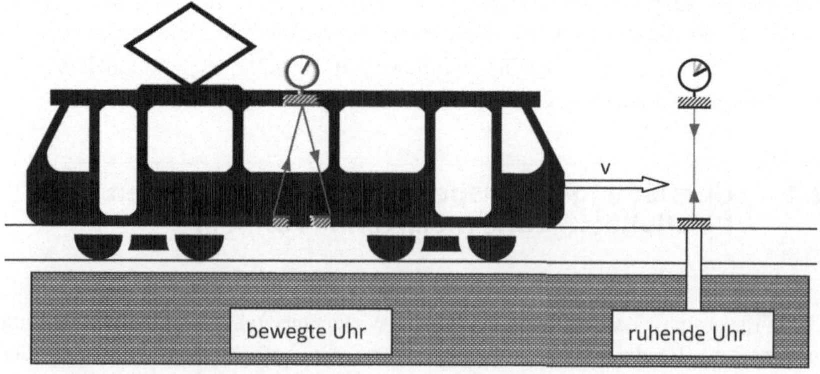

Abb. 2.3 Gedankenexperiment Lichtuhr

500 Mio. Mal Tick-Tack gemacht hat (eine Sekunde), auf der Uhr im Zug etwas weniger Lichtblitze beobachten, da diese ja einen von ihm aus gesehen weiteren Weg zurücklegen müssen. Es scheint für den Beobachter am Bahnsteig, dass die Zeit im Zug langsamer vergeht, als bei ihm am Bahnsteig, da er dort weniger Tick-Tacks zählen konnte!

Achtung: Es handelt sich dabei aber keinesfalls um irgendeine Art von Messfehler oder dergleichen! Die Konstanz der Lichtgeschwindigkeit und das Relativitätsprinzip führen dazu, dass die Zeit im Zug tatsächlich anders vergeht als am Bahnsteig, weil sich dieser bezüglich desselben bewegt. Anders gesprochen: Das „Tick-Tack", welches die Grundfrequenz der Uhr liefert, ist bei der Lichtuhr von der Weglänge des Lichtsignals abhängig. Im sich bewegenden Zug legt das Licht von außen betrachtet einen längeren Weg zurück und daher ist die Grundfrequenz der Uhr etwas verringert. Die Uhr im Zug scheint für den Beobachter am Bahnsteig langsamer zu gehen.

Nun könnte man einwenden, dass eine Lichtuhr ja schon eine sehr spezielle Uhrenform darstellt und der Effekt eben vielleicht auch nur mit dieser besonderen Art der Uhr zusammenhängt. Wenn dem aber so wäre, stünde das in eklatantem Widerspruch zum Relativitätsprinzip, nachdem jedes Inertialsystem zur Beschreibung der physikalischen Gesetze ja gleichberechtigt ist. Die Physik im Zug ist daher dieselbe, wie am Bahnsteig, was dazu führt, dass es unmöglich ist ohne Information von außen zu entscheiden, ob man sich bewegt oder ruht. Wäre der beschriebene Effekt ein nur für Lichtuhren spezifischer, so könnte man sich folgendes Experiment vorstellen:

Neben der Lichtuhr verwende man im Zug noch einen hypothetischen, von der Bewegung des Zuges unabhängigen, Uhrentyp. Dann würde man, wenn dies tatsächlich möglich wäre, nach einiger Zeit einen Unterschied zwischen der Lichtuhr und der „Spezialuhr" feststellen. Auf diese Art wäre es nun aber möglich, die gleichförmige Bewegung des Zuges ohne Information von außen nachzuweisen und damit wäre das Relativitätsprinzip verletzt! Es müsste dann ein besonderes in irgendeiner Art und Weise „absolutes" Bezugssystem geben, das sich bezüglich aller anderen Systeme in Ruhe befindet und in allen anderen, dazu bewegten Systemen könnte man deren Bewegung nachweisen. Ein solches System wurde lange gesucht – man denke an die kurzen Ausführungen zum sogenannten Lichtäther in Abschn. 1.1 – es konnte jedoch nie nachgewiesen werden und die moderne Physik geht davon aus, dass es ein solches „absolutes Ruhesystem" ganz einfach nicht gibt. Wir müssen uns also damit anfreunden, dass die Uhr im Zug, vom Bahnsteig aus gesehen, langsamer geht, ganz gleich um welche Art von Uhr es sich dabei handelt.

Und wie stellt sich die Situation für einen im Zug befindlichen Beobachter dar? Die verblüffende Antwort lautet: Ganz genauso, nur umgekehrt! Während der Fahrgast im Zug sich selbst als ruhend wahrnimmt (der Zug darf nicht beschleunigen oder bremsen!), scheint es für ihn, als ob sich der Bahnsteig mit der Geschwindigkeit $-v$ an ihm vorbei bewegt. Der Lichtblitz muss daher aus seiner Sicht am Bahnsteig einen längeren Weg zurücklegen als im Zug, und daher geht aus seiner Sicht die Bahnsteiguhr langsamer! Diese Tatsache ist mit dem Satz „Zeit ist relativ" gemeint.

Zusammengefasst lässt sich festhalten, dass das Ergebnis einer Zeitmessung davon abhängt, wie schnell sich die beteiligten Uhren relativ zu einander bewegen. Etwas lax formuliert, wird dies mit der Aussage: „Bewegte Uhren gehen langsamer" abgekürzt. Wenn man die hier kurz skizzierten Gedanken bereit ist zu Ende zu denken, kommt man auf Einsteins sogenannte spezielle Relativitätstheorie (SRT), welche neben den hier nur angedeuteten Aussagen über die Zeit auch solche über Streckenlängen in bewegten Bezugssystemen macht und aus welcher sich schließlich die berühmte Formel $E = mc^2$ ableiten lässt.

2.2.2 „Schwere Uhren"

Die Aussagen der speziellen Relativitätstheorie sind mit unserer Alltagswahrnehmung nur schwer zu vereinbaren, was ganz einfach daran liegt, dass die Effekte im Normalfall viel zu schwach sind, um einen merklichen Einfluss zu haben. Wie geringfügig die Abweichungen bei Bewegungen mit „normalen" Geschwindigkeiten sind, kann ab Abschn. 3.1 nachgelesen werden. Trotz der nur sehr kleinen Effekte wurden die Vorhersagen der speziellen Relativitätstheorie mittlerweile tausendfach nachgewiesen. Ein besonders plakatives Experiment führten die amerikanischen Physiker Hafele und Keating 1971 durch, indem sie vier Cäsiumatomuhren an Bord eines Linienflugzeuges zwei Mal um die Welt fliegen ließen und nach der Landung mit den hochgenauen Uhren der US-Forschungseinrichtung United States Naval Observatory verglichen. Das Ergebnis war, dass die Uhren tatsächlich den Vorhersagen der Relativitätstheorie folgten. Die Forscher mussten allerdings noch einen zweiten Effekt, den ebenfalls Albert Einstein Abb. 2.4 herausgefunden hatte, berücksichtigen. Dieser folgt aus der allgemeinen Relativitätstheorie.

Sind die Ergebnisse der speziellen Relativitätstheorie bereits verblüffend, so sind deren Grundideen und selbst die sich daran anschließenden mathematischen Betrachtungen noch nicht übermäßig schwierig – vorausgesetzt, man hat Freude an solchen mathematischen Betrachtungen und ist in der Lage, das Thema „Zeit" etwas abstrakter zu durchdenken. Anders verhält es sich bei einer mathematischen

Abb. 2.4 Albert Einstein.
(Quelle: Wikipedia)

Betrachtung der allgemeinen Relativitätstheorie, welche überaus komplex ist. Von Einstein, der übrigens, selbst ein hervorragender Mathematiker war, wird behauptet gesagt zu haben:

> Seit die Mathematiker über die Relativitätstheorie hergefallen sind, verstehe ich sie selbst nicht mehr.

Daher wollen wir uns hier auf einen zugegebenermaßen kleinen Teil der allgemeinen Relativitätstheorie beschränken, der auch ohne mathematische Fähigkeiten eines Albert Einstein verständlich ist, das sogenannte Äquivalenzprinzip. Als Vorüberlegung dazu dient ein Alltagseffekt: Wenn man in einem anfahrenden oder abbremsenden Zug sitzt, fühlt es sich ganz genau so an, wie wenn der Zug mit fester Geschwindigkeit bergauf oder bergab fährt. Und das, obwohl die Strecke vollkommen eben ist! Warum ist das so?

Newton stellte fest, dass Masse träge ist, dass also immer eine Kraft erforderlich ist, um den Bewegungszustand eines Körpers zu verändern. Wenn also ein Zug anfährt, würden die darin befindlichen Körper in Ruhe bleiben, wenn sie keinen Kontakt zum Zug hätten. Wenn man also völlig ohne Reibung im Zug schweben würde, würde dieser glatt unter einem hinweg beschleunigen. Wenn man hingegen entspannt auf der Sitzbank sitzt (vorausgesetzt man hat einen kostbaren Sitzplatz ergattert), fühlt es sich genau so an, als würde der Zug mit konstanter Geschwindigkeit bergauf fahren oder an einem Hang stehen. Dies liegt daran, dass wir keinen Rezeptor dafür haben, ob die Ursache der Kraft, welche uns gegen die Rückenlehne Drückt, die Schwerkraft ist oder die sogenannte Trägheitskraft im beschleunigenden Zug. Dieser Ansatz lässt sich verallgemeinern, wobei das folgende Gedankenexperiment hilfreich ist:

Stellen Sie sich vor, Sie wären ein durchschnittlich schwerer Raumfahrer (Masse 75 kg) an Bord eines Raumschiffes, das völlig schwerelos durchs All gleitet. Kurz vor einer Triebwerkszündung stellen Sie sich auf eine Waage, welche selbstverständlich keinerlei Gewicht anzeigt – Sie sind ja schwerelos. Nun wird das Triebwerk gezündet und das Raumschiff beschleunigt mit einer Beschleunigung von 9,81 m/s^2, also „1 g", der Erdbeschleunigung, so, dass Sie auf die Waage gedrückt werden. Diese zeigt daraufhin 75 kg an. Zurück auf der Erde stellen Sie sich sicherheitshalber wieder auf die Waage und auch hier werden Sie 75 kg ablesen. Wie kann das sein?

Einstein stellte fest, dass es ohne Informationen von außen völlig unmöglich ist (mit keinem noch so geschickten Experiment!) zu unterscheiden, ob man sich in einem geeignet beschleunigenden Raumschiff befindet oder auf der Oberfläche eines Planeten, von dem man durch die Gravitation angezogen wird. Es gibt also kein Experiment mit dem man unterscheiden kann, ob die gemessene Kraft durch Gravitation oder durch eine Trägheitskraft verursacht wird. Da die Erde eine Fallbeschleunigung von $g = 9{,}81$ m/s^2 hat, kann man auf keiner Waage einen Unterschied zwischen einer Beschleunigung mit diesem Wert durch ein Raketentriebwerk oder durch die Anziehungskraft des Planeten feststellen. Wenn Sie sich das nur schwer vorstellen können, kann man das Experiment gedanklich auch umdrehen:

Stellen Sie sich vor, Sie stünden in einem Fahrstuhl, welcher sich im obersten Stockwerk eines hohen Gebäudes befindet – wieder auf einer Waage. Die Waage wird wieder bei einem durchschnittlich schweren „Raumfahrer" 75 kg anzeigen. Nun werden die Tragseile des Aufzugs durchgeschnitten und die Kabine fällt frei nach unten. Da, wie bereits Galileo Galilei wusste, alle Gegenstände (ohne Luftwiderstand) gleich schnell fallen, wird nun also die Waage unter Ihren Füßen mit fallen und kein Gewicht mehr anzeigen – man würde sich schwerelos fühlen. Ganz analog zu obiger Raumfahrer-Überlegung kann man sagen, dass es kein Experiment gibt, mit dem sich ohne Blick nach außen sagen lässt, ob sich ein Körper in der Schwerelosigkeit befindet oder im freien Fall.

Diese Überlegung bezeichnet man als Äquivalenzprinzip, welches eng mit der allgemeinen Relativitätstheorie verknüpft ist. Und obwohl es auf den ersten Blick nicht den Anschein haben mag, hat dieses Prinzip ebenfalls einen entscheidenden Einfluss auf ein physikalisch korrektes Konzept von Raum und Zeit. Zur Veranschaulichung stelle man sich vor, beim obigen Beispiel des beschleunigenden Raumfahrers wäre an der Wand ein kleiner Laserpointer angebracht (vgl. Abb. 2.5) und nun beginnt das Raumschiff mit $g = 9{,}81$ m/s^2 zu beschleunigen. Dann würde es von außen betrachtet so aussehen, als wenn der Laserstrahl (parabelförmig) gekrümmt würde, da sich das Raumschiff ja immer schneller bewegt. Da nach dem Äquivalenzprinzip aber nicht zwischen den Zuständen „Raumschiff steht auf der Erde" und „Raumschiff beschleunigt mit g" unterschieden werden kann, folgt daraus, dass auch auf der Erde oder in deren Nähe, beziehungsweise in der Nähe einer jeden Masse, die eine Anziehungskraft ausübt, der Lichtstrahl gekrümmt wird und zwar ganz ohne Raumschiff.

Nun könnte man wieder mit den Konsequenzen dieser Überlegungen für Lichtuhren anfangen und käme, allerdings über kompliziertere Betrachtungen, zu einem fundamentalen Ergebnis der allgemeinen Relativitätstheorie: Wie schnell die Zeit vergeht, hängt nicht nur davon ab, wie schnell man sich bewegt, sondern auch davon, in welchem Gravitationspotenzial, also Schwerefeld, man sich befindet. Wiederum etwas lax formuliert, kann man das so zusammenfassen: „Schwere Uhren gehen langsamer". (Wobei man bei dieser Formulierung gut darauf Acht

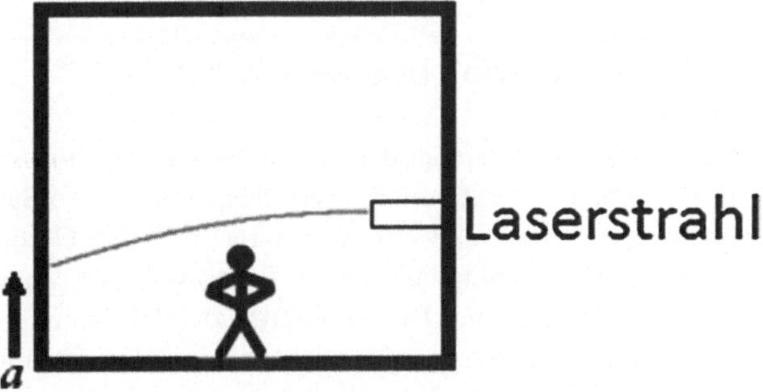

Abb. 2.5 Gekrümmter Lichtstrahl – durch Beschleunigung oder durch Gravitation?

geben muss, was mit „schwere Uhren" gemeint ist. Einfach gesprochen: Je näher an der Erde/der anziehenden Masse, desto schwerer, desto langsamer.)

Um auf das Experiment von Hafele und Keating zurückzukommen: Die beiden stellten fest, dass die Uhren an Bord des Flugzeuges allein durch die Flughöhe und den dadurch größeren Abstand zur Erde tatsächlich nach den Gesetzen der ART schneller gingen. Jedoch waren hier zwei gegenläufige Effekte zu beobachten:

1. Da bewegte Uhren nach der SRT langsamer gehen, sollten die Uhren an Bord der Flugzeuge gegenüber Referenzuhren am Boden etwas nachgehen.
2. Aus der ART musste man zudem folgern dass die Uhren schneller gehen würden, da sie sich durch den größeren Abstand zur Erde in einem geringeren Gravitationspotenzial befanden.

Welcher der beiden Effekte überwiegt, hängt von der Flughöhe und der -geschwindigkeit ab. Beim Hafele-Keating Experiment musste bei der Auswertung der Ergebnisse noch die Bewegung der Erde selbst, also deren Rotation um ihre eigene Achse, berücksichtigt werden. Insgesamt konnte das Experiment die Vorhersagen der Relativitätstheorie eindrucksvoll bestätigen.

Wie bei jeder physikalischen Theorie ist es auch für die Relativitätstheorie sinnvoll, diese immer wieder infrage zu stellen. Die experimentellen Ergebnisse unterschiedlichster Disziplinen sprechen jedoch eine sehr eindeutige Sprache zugunsten dieser Theorie: Wir müssen uns wohl oder übel damit abfinden, dass unser intuitives Konzept von Raum und Zeit einer genaueren Betrachtung nicht standhalten kann. Die Physik ist insbesondere in Extremsituationen beispielsweise bei hoher Geschwindigkeiten und/oder sehr starker Gravitation anders als unsere intuitive Wahrnehmung uns suggeriert.

2.3   Satellitennavigation und Relativität

Aus physikalischer Sicht, könnte man den Betrieb von Navigationssatelliten als Hafele-Keating Experiment in Extremform verstehen: Pro Galileo Satellit bewegen sich vier hochgenaue, synchronisierte Atomuhren mit hoher Geschwindigkeit in großem Abstand zum Erdmittelpunkt um die Erde (Abb. 2.6). Zum Vergleich: ein Passagierflugzeug fliegt in einer Höhe von etwa zwölf Kilometern mit ungefähr 800 km/h, legt dabei also etwa 250 m in einer Sekunde zurück. Diese bereits recht beachtlichen Werte werden jedoch von Navigationssatelliten, wie sie bei Galileo und GPS zum Einsatz kommen, weit übertroffen: Sie befinden

Abb. 2.6 Wasserstoff
Maser Atomuhr der Galileo
Satelliten. (Quelle: DLR)

sich 23.000 km über dem Erdboden und legen pro Sekunde fast vier Kilometer zurück! Die Effekte der SRT und der ART sollten sich hier entsprechend noch deutlicher zeigen.

Auch im Fall von Satelliten ist der Einfluss ihrer schnellen Bewegung auf die Zeit an Bord demjenigen, welcher aus ihrer großen Höhe herrührt, entgegengesetzt: aufgrund ihrer hohen Geschwindigkeit sollten die Satellitenuhren langsamer, bedingt durch ihren Abstand zur Erdoberfläche jedoch schneller gehen. Während in der Nähe des Erdbodens der speziell-relativistische Effekt der Bewegung überwiegt, gewinnt ab etwas mehr als 3000 km Bahnhöhe der allgemein-relativistische Effekt der größeren Höhe die Überhand. Berechnungen zeigen, dass die Uhren auf den GPS- bzw. Galileo Satelliten aufgrund der relativistischen Einflüsse gegenüber Uhren auf der Erde ein wenig vorgehen (Abschn. 3.1.4). Die Effekte können recht einfach technisch ausgeglichen werden. Hierzu ist es lediglich erforderlich, die Taktfrequenz der Satellitenuhren entsprechend den Vorhersagen der Relativitätstheorie etwas zu verstellen.

Alles etwas genauer betrachtet 3

Welchen Einfluss haben nun aber die relativistischen Effekte auf die Genauigkeit der Satellitenortung? Da sich die Signale mit Lichtgeschwindigkeit ausbreiten und die Ortung über die Messung der Signallaufzeit geschieht, haben bereits kleine Uhrenfehler eine große Wirkung. Eine um eine Milliardstel Sekunde (1 ns) falsch gemessene Laufzeit entspricht dabei einem Fehler in der Entfernungsmessung von etwa 30 cm. Ein Ortungsfehler von 30 cm erscheint auf den ersten Blick nicht sonderlich groß im Vergleich zu anderen Fehlerquellen, welche Abweichungen von einigen Metern verursachen. Die Frage ist nun aber, ob sich die relativistischen Effekte mit der Zeit aufsummieren würden, wenn die Uhren nicht entsprechend korrigiert wären.

Um die hierzu gemachten Aussagen zu untermauern, sollen im folgenden Kapitel noch etwas präzisere auch mathematische Betrachtungen angestellt werden. Zum Verständnis der in Kap. 4 gemachten Aussagen über relativistische Korrekturen bei der Satellitennavigation sind diese Überlegungen nicht zwingen erforderlich, sicherlich aber hilfreich und interessant.

3.1 Die relativistische Zeit

Zur Herleitung der im Folgenden besprochenen Formeln sei bei Interesse auf die Fachliteratur verwiesen. Zumindest im Fall der speziellen Relativitätstheorie sind die zugrunde liegenden Rechnungen nicht zu komplex und können mit Methoden der Schulmathematik verstanden werden. In diesem Aufsatz würden sie zum einen den Rahmen sprengen und zum anderen auch nicht unbedingt zum Verständnis der Situation beitragen.

© Springer Fachmedien Wiesbaden GmbH, ein Teil von Springer Nature 2018   23
T. Schüttler, *Relativistische Effekte bei der Satellitennavigation*, essentials,
https://doi.org/10.1007/978-3-658-22161-4_3

3.1.1 Einfluss der Bahngeschwindigkeit v

Um relativistische Einflüsse überhaupt messen zu können, werden hochgenaue Atomuhren benötigt. Bei diesen werden Atome (Cäsium, Rubidium oder Wasserstoff) als Taktgeber genutzt. Wie alle Atome können sie elektromagnetische Strahlung nur dann aufnehmen oder abgeben, wenn diese ganz bestimmte, für das jeweilige Atom charakteristische Frequenzen hat. Wie das Pendel bei einer Penduluhr, geben die Atome bei der Atomuhr den Takt vor. Und dies geht so genau, dass die Grundeinheit der Zeit, die Sekunde, seit den 1970-er Jahren über das Cäsiumatom definiert ist: 1 s = 9.192.631.770 Schwingungen dieser speziellen, von Cäsiumatomen emittierten Strahlung. Anders ausgedrückt macht die Cäsiumatomuhr in einer Sekunde gut neun Milliarden Mal Tick-Tack und das überaus gleichmäßig. So haben moderne Cäsiumuhren eine rechnerische Abweichung von einer Sekunde in 30 Mio. Jahren.

Die Atomuhren auf Navigationssatelliten bewegen sich sehr schnell, sodass deren Zeit nach den Gesetzten der speziellen Relativitätstheorie etwas langsamer vergeht, als für eine relativ zu dieser in Ruhe befindlichen Uhr („bewegte Uhren gehen langsamer"). Wenn also auf einer ruhenden Uhr in einer Sekunde die rund neun Milliarden „Tick-Tacks" gezählt wurden, hinkt die bewegte Uhr auf den Satelliten noch etwas nach – je nachdem, wie schnell sich der Satellit bewegt. Anders ausgedrückt: Während die Uhr im Ruhesystem S die Zeitspanne $\Delta t = 1$ s misst, vergeht im bewegten System S' aus Sicht von S eine etwas kürzere Zeitspanne $\Delta t' < \Delta t$.

Von außen betrachtet hat die bewegte Uhr entsprechend eine etwas kleinere Schwingungsfrequenz, da in einer „Ruhesekunde" bei ihr weniger Schwingungen gezählt werden. Man kann sich das gut am Beispiel der Lichtuhr, welche in Abschn. 2.2.1 beschrieben wurde, veranschaulichen. Während auf der ruhenden Lichtuhr der Lichtblitz den vollen Weg vom einen zum anderen Spiegel und wieder zurück durchlaufen hat, ist er bei der bewegten Uhr noch nicht wieder an seinem Ausgangspunkt angekommen, da sein relativer Weg ja weiter war. Wie viel macht das nun aber tatsächlich aus?

Eine mathematische Herleitung, welche beispielsweise bei [6] ausführlich beschrieben ist, liefert für die gemessenen Zeitabschnitte Δt und $\Delta t'$ sowie die entsprechenden Frequenzen f und f':

$$\Delta t' = \sqrt{1 - \frac{v^2}{c^2}} \cdot \Delta t \tag{3.1}$$

$$f' = \sqrt{1 - \frac{v^2}{c^2}} \cdot f \tag{3.2}$$

Dabei ist v die Geschwindigkeit der bewegten Uhr und c die Lichtgeschwindigkeit. Als Beispiel beantworten wir im Folgenden die Frage, wie schnell sich die Satellitenuhr bewegen müsste, damit sie gegenüber einer ruhenden Uhr pro Sekunde um eine Schwingung des Cäsiumatoms (bzw. ein „Tick-Tack") nachgeht. Während auf der Uhr im Ruhesystem 1 s also 9.192.631.**770** Schwingungen gemessen wurden, sind es bei der bewegten Uhr dann nur 9.192.631.**769** Schwingungen, oder:

$$\Delta t = 1\,\text{s}; \; \Delta t' = \frac{9.192.631.769}{9.192.631.770}\,\text{s}$$

Das Verhältnis $\Delta t'/\Delta t$ entspricht gerade dem Wurzelterm, also ist

$$\frac{9.192.631.769}{9.192.631.770} = \sqrt{1 - \frac{v^2}{c^2}}$$

Löst man diese Gleichung nach v auf, so erhält man $v \approx 4\,\text{km/s}$. Dies bedeutet, dass eine bewegte Cäsiumatomuhr aus Sicht einer ruhenden um eine Schwingung verlangsamt wird, wenn sie sich mit etwa vier Kilometern pro Sekunde bewegt.

3.1.2   Einfluss des Abstands r vom Erdmittelpunkt

Die obige Überlegung zur speziellen Relativitätstheorie reicht für Navigationssatelliten noch nicht aus, da sich diese ja nicht auf dem Erdboden sondern in einer Höhe von mehr als 20.000 km darüber bewegen. Die Stärke des Gravitationsfeldes nimmt mit der Höhe ab, sodass die auf die Satellitenuhren wirkende Schwerkraft geringer ist, als bei Uhren auf der Erde. In Abschn. 2.2.2 wurde bereits darauf hingewiesen, dass die Schwerkraft nach den Gesetzten der allgemeinen Relativitätstheorie ebenfalls einen Einfluss auf die Zeit hat[1]. Wie groß dieser ist, soll im Folgenden betrachtet werden.

Auf eine Uhr, die sich im Abstand r vom Erdmittelpunkt befindet wirkt das Gravitationspotenzial $\Phi(\text{r})$:

$$\Phi(\text{r}) = -\frac{G \cdot M}{r}$$

---

[1]Streng genommen ist diese Formulierung recht gewagt, wenn nicht sogar falsch, da die allgemeine Relativitätstheorie das Konzept der Newton'schen Schwerkraft vollkommen neu denkt. Sie ersetzt diese durch eine von Massen verursachte Krümmung der Raumzeit und verallgemeinert damit das Konzept der Gravitation.

Dabei ist $G = 6,67 \times 10^{-11}\,\mathrm{m^3/kg \cdot s^2}$ die Gravitationskonstante und $M = 5,97 \times 10^{24}\,\mathrm{kg}$ die Masse der Erde. Der Potenzialunterschied zu einer Uhr auf dem Erdboden im Abstand $R_E = 6371\,\mathrm{km}$ (Erdradius) vom Erdmittelpunkt ist:

$$\Phi(\mathrm{r}) - \Phi(\mathrm{R_E}) = -\frac{G \cdot M}{r} - \left(-\frac{G \cdot M}{R_E}\right)$$

Oder kurz

$$\Delta\Phi = G \cdot M \left(\frac{1}{R_E} - \frac{1}{r}\right) \tag{3.3}$$

Der Einfluss des Gravitationspotenzials auf die Zeit kann widerspruchsfrei nur mit anspruchsvollen mathematischen Methoden ermittelt werden. Einen Eindruck davon geben beispielsweise [1, 2, 6]. In nicht zu großer Entfernung von der Erde wird eine (ruhende!) Satellitenuhr demnach etwas schneller gehen und zwar um:

$$\Delta t' = \left(1 + \frac{\Delta\Phi}{c^2}\right) \cdot \Delta t \tag{3.4}$$

Ihre Frequenz nimmt entsprechend ebenfalls zu:

$$f' = \left(1 + \frac{\Delta\Phi}{c^2}\right) \cdot f \tag{3.5}$$

Zu einer Referenzuhr am Erdboden ergibt sich also ein Frequenzunterschied Δf von:

$$\Delta f = f' - f = \frac{\Delta\Phi}{c^2} \cdot f$$

Oder, wenn man das Gravitationspotenzial von oben (3.3) einsetzt, eine relative Frequenzverschiebung

$$\frac{\Delta f}{f} = \frac{G \cdot M}{c^2}\left(\frac{1}{R_E} - \frac{1}{r}\right) \tag{3.6}$$

3.1.3 Einfluss der Bewegung und der Bahnhöhe

Navigationssatelliten bewegen sich in Höhen von gut 20.000 km mit Geschwindigkeiten von knapp vier Kilometern pro Sekunde durchs All. Nach den Gesetzten der speziellen Relativitätstheorie sollten ihre Uhren wegen der Bewegung langsamer gehen als Uhren auf der Erde. Der Abstand zum Erdboden führt andererseits nach den Regeln der allgemeinen Relativitätstheorie dazu, dass die Uhren schneller gehen. Welcher der beiden Effekte überwiegt, hängt von der jeweiligen

Bahnhöhe $h = r - R_E$ ab. Wir betrachten im Folgenden den Einfluss der Satellitenbahn auf die Frequenz der Satellitenuhr im Vergleich zu einer ruhenden Uhr auf der Höhe des Erdbodens.

Nach der speziellen Relativitätstheorie verschiebt sich die Frequenz der bewegten Uhr um

$$\Delta f = f' - f = \sqrt{1 - \frac{v^2}{c^2}} \cdot f - f$$

Die relative Frequenzverschiebung ist dann

$$\frac{\Delta f}{f} = \sqrt{1 - \frac{v^2}{c^2}} - 1$$

Dieser Ausdruck lässt sich für kleine Geschwindigkeiten $v \ll c$ durch eine sogenannte Taylorentwicklung zweiter Ordnung annähern zu:

$$\frac{\Delta f}{f} \approx -\frac{v^2}{2c^2}$$

Die Satellitenbahnen können näherungsweise als Kreisbahnen betrachtet werden. Aus dem Gravitationsgesetz lässt sich dann einfach ihre Bahngeschwindigkeit v bestimmen zu:

$$v^2 = \frac{G \cdot M}{r}$$

Setzt man dies nun in die obige Formel ein, so erhält man für die relative Frequenzänderung der bewegten Satellitenuhr nach der speziellen Relativitätstheorie (SRT):

$$\left(\frac{\Delta f}{f} \right)_{SRT} = -\frac{G \cdot M}{c^2} \cdot \frac{1}{2r} \tag{3.7}$$

Das negative Vorzeichen gibt an, dass die Frequenz der Satellitenuhr auf Grund der Bewegung abnimmt. Auf Grund des geringeren Gravitationspotenzials wird außerdem die Frequenz nach den Gesetzten der allgemeinen Relativitätstheorie (ART) zunehmen. Addiert man beide Effekte (3.6) und (3.7), so erhält man die relative Frequenzveränderung einer Satellitenuhr in Abhängigkeit vom Bahnradius des Satelliten:

$$\left(\frac{\Delta f}{f} \right)_{SRT+ART} = \frac{G \cdot M}{c^2} \cdot \left(\frac{1}{R_E} - \frac{3}{2r} \right) \tag{3.8}$$

3.1.4 Zusammenfassung

Satelliten bewegen sich in großen Höhen mit großen Geschwindigkeiten durchs
Weltall. Daher wirken auf Satellitenuhren Effekte der speziellen und der allgemeinen Relativitätstheorie, welche dazu führen, dass die Uhren schneller oder
langsamer laufen. Welcher Effekt überwiegt hängt von der Bahnhöhe bzw.
dem Bahnradius r des Satelliten ab. Den Effekt kann man mit (3.8) berechnen,
Abb. 3.1 stellt die Zusammenhänge grafisch dar.

An dieser Stelle wäre nun die Frage berechtigt, welchen Einfluss dieseÄnde-
rungen der Uhrenfrequenz auf die konkrete Ortung mithilfe von Navigationssatelliten haben. Einerseits sind die Effekte nicht besonders groß – sie liegen bei
lediglich etwa 4×10^{-8} %. Jedoch zeigten die Überlegungen in Abschn. 1.2, dass
aufgrund der großen Ausbreitungsgeschwindigkeit der Satellitensignale, bereits
scheinbar kleine Messfehler der Laufzeit einen großen Einfluss auf die Genauigkeit der Ortung haben. Um also die Frage, ob relativistische Korrekturen bei Galileo und GPS erforderlich sind, beantworten zu können, soll auch das Verfahren
der Ortung noch einmal etwas genauer betrachtet werden.

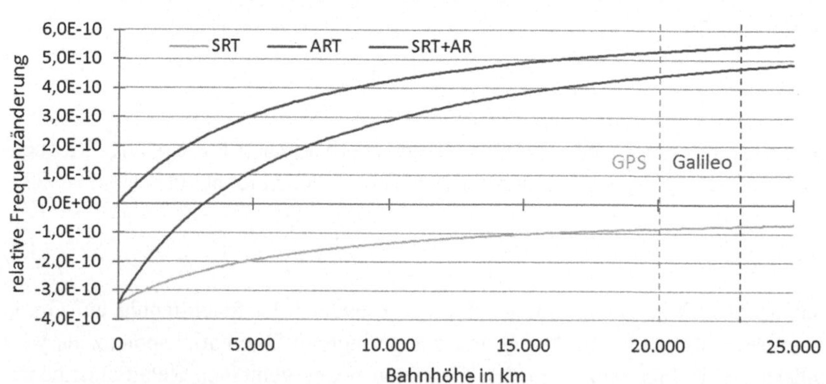

Abb. 3.1 Einfluss der Relativitätstheorie auf die Satellitenuhren. In einer Höhe von gut
3000 km gleichen sich die Effekte aus

3.2 Empfängerortung durch Laufzeitmessung

Das Signal eines Navigationssatelliten beinhalten im Wesentlichen folgende Informationen [5]:

- Systemzeit und Zeitkorrekturparameter
- Hochpräzise eigene Bahndaten
- Angenäherte Bahndaten der anderen Satelliten
- Informationen über den Systemzustand etc.

Aus diesen Informationen entnimmt der Empfänger die Daten von (mindestens) vier Satelliten (vgl. Abschn. 1.2) und bestimmt daraus seine Position durch Messung der Signallaufzeiten Δt_i. Die gemessenen Laufzeiten sind fehlerhaft, da die Uhren der Empfänger zu ungenau sind – es sind schließlich keine Atomuhren. Dennoch kann durch Uhrensynchronisation die Position auf wenige Meter genau bestimmt werden. Wie ist das möglich? Wir betrachten im Folgenden die Situation, dass die Signale von vier Satelliten empfangen wurden. Das Prinzip der Ortung mit mehr als vier Satelliten ist im Wesentlichen identisch, es wird jedoch durch eine geeignete Fehlerausgleichsrechnung ein besseres Ergebnis erreicht.

Aus den Bahndaten der Satelliten, den sogenannten Kepler Parametern der Bahnellipsen, errechnet der Empfänger im ersten Schritt die Positionen der empfangenen Satelliten. Sie sollen im Folgenden durch die Koordinaten x_i, y_i, z_i beschrieben werden, der Index $i = 1,\ldots 4$ steht dabei für den jeweiligen Satelliten. Zur Berechnung der Koordinaten benötigt der Empfänger zudem die möglichst genaue Systemzeit, da sich die Position der Satelliten ja ständig ändert. Im nächsten Schritt wird aus der gemessenen aber fehlerhaften Signallaufzeit $\Delta \widetilde{t_i}$ die Schrägentfernung der Satelliten zum Empfänger abgeschätzt. Da diese ebenfalls fehlerhaft ist, wird sie als „Pseudoentfernung" $\widetilde{r_i}$ (eng. pseudorange) bezeichnet. Sie folgt aus der fehlerhaften „Pseudolaufzeit" $\Delta \widetilde{t_i}$:

$$\widetilde{r_i} = c \cdot \Delta \widetilde{t_i}$$

Die so erhaltenen Messergebnisse werden in einem Gleichungssystem zusammengefasst:

$$(x_E - x_i)^2 + (y_E - y_i)^2 + (z_E - z_i)^2 = \left(c \cdot \Delta \widetilde{t_i}\right)^2, \; i = 1,\ldots 4 \qquad (3.9)$$

x_E, y_E, z_E sind dabei die gesuchten Empfängerkoordinaten, also noch unbekannt. Die Pseudolaufzeit $\Delta \widetilde{t_i}$ beinhaltet eine weitere Unbekannte und zwar den Fehler der Empfängeruhr Δt_E:

$$\Delta \widetilde{t_i} = \Delta t_i + \Delta t_E$$

Dieser Fehler ist positiv, wenn die Empfängeruhr vor geht und negativ, wenn sie gegenüber der Systemzeit des GNSS nachgeht. Es sei nochmals darauf hingewiesen, dass bei normalen GPS- oder Galileo-Empfängern keine Atomuhren eingebaut sind, sodass die Empfängeruhr praktisch immer erst einmal mehr oder weniger falsch geht. Damit wird (3.9) zu:

$$(x_E - x_1)^2 + (y_E - y_1)^2 + (z_E - z_1)^2 = c^2(\Delta t_1 + \Delta t_E)^2$$

$$(x_E - x_2)^2 + (y_E - y_2)^2 + (z_E - z_2)^2 = c^2(\Delta t_2 + \Delta t_E)^2$$

$$(x_E - x_3)^2 + (y_E - y_3)^2 + (z_E - z_3)^2 = c^2(\Delta t_3 + \Delta t_E)^2$$

$$(x_E - x_4)^2 + (y_E - y_4)^2 + (z_E - z_4)^2 = c^2(\Delta t_4 + \Delta t_E)^2$$

Dieses Gleichungssystem kann auf verschiedene Arten schrittweise (iterativ) oder analytisch nach den vier Unbekannten x_E, y_E, z_E und Δt_E aufgelöst werden (vgl. bspw. [4]). Da die Gleichungen quadratisch sind, ist die Lösung mehrdeutig. Dies stellt jedoch kein Problem dar, denn die zweite (falsche!) Lösung kann dadurch identifiziert werden, dass sie zu einer Empfängerposition im Weltall führt, beziehungsweise zu einer Empfangszeit des Signals, welche vor dem Sendezeitpunkt läge.

▶   Im Ergebnis hat nun also der Empfänger aus der Navigationsnachricht der vier Satelliten seine Position und die exakte Systemzeit bestimmt und seine interne Uhr synchronisiert.

Relativistische Korrekturen bei GPS und Galileo 4

Die vorangegangenen Ausführungen haben sich aus physikalischer Sicht im Wesentlichen um Eigenschaften und Messung von Zeit gedreht und zeigen, wie eng Satellitenortung mit diesem Thema verknüpft ist. Aus (3.8) kann man berechnen wie stark die Uhren von GPS- und Galileo Satelliten auf Grund von relativistischen Effekten von einer Referenzuhr auf der Erde abweichen (vgl. Tab. 4.1).

Welchen Einfluss hätte nun aber diese Abweichung auf die Genauigkeit der Ortung, wenn sie nicht korrigiert würde? Nehmen wir dazu an, die Satellitenuhren liefen untereinander synchron bzw. mit einer bekannten Abweichung untereinander und wären nicht relativistisch korrigiert. In Abschn. 3.2 wurde dargelegt, dass aufgrund der viel zu ungenauen Empfängeruhr, neben den Ortskoordinaten des Empfängers auch die Systemzeit des Satellitennavigationssystems bestimmt werden muss. Hierzu ist der Empfang eines vierten Satelliten zwingend erforderlich. Anders gesprochen, geht die exakte Ortung im Raum automatisch mit einer Synchronisation der Empfängeruhr mit den untereinander synchronen Satellitenuhren einher.

Tab. 4.1 Relativistische Effekte bei GPS und Galileo

Parameter	GPS	Galileo
Satellitenbahnhöhe	20.183 km	23.222 km
Mittlere Geschwindigkeit	3875 m/s	3645 m/s
Einfluss der SRT	$-8{,}4 \times 10^{-9}\,\%$	$-7{,}4 \times 10^{-9}\,\%$
Einfluss der ART	$+52{,}9 \times 10^{-9}\,\%$	$+54{,}8 \times 10^{-9}\,\%$
Gesamteffekt SRT+ART	$+44{,}5 \times 10^{-9}\,\%$	$+47{,}4 \times 10^{-9}\,\%$
Uhrenfehler pro Sekunde	0,445 ns	0,474 ns
Frequenzverschiebung bei 10,23 MHz	+0,0045 Hz	+0,0048 Hz

© Springer Fachmedien Wiesbaden GmbH, ein Teil von Springer Nature 2018 31
T. Schüttler, *Relativistische Effekte bei der Satellitennavigation*, essentials,
https://doi.org/10.1007/978-3-658-22161-4_4

▶ Wir würden also mit einem normalen GPS- oder Galileo-Empfänger die relativistische Drift der Satellitenuhren gegenüber der Empfängeruhr nicht bemerken, da diese bei jeder einzelnen Ortung mit den Satellitenuhren synchronisiert wird!

Durch die Synchronisation mit den Satellitenuhren würden die Empfängeruhren nun ebenfalls gegenüber einer Atomuhr auf dem Erdboden etwas zu schnell gehen, im Fall von GPS um $44{,}5 \times 10^{-9}\,\%$. Mit zu schnell gehenden Uhren würde man die Laufzeiten der Signale unterschätzen – die Messung würde um $44{,}5 \times 10^{-9}\,\%$ zu kurze Signallaufzeiten ergeben. Typischerweise benötigen die Signale bei GPS und Galileo etwa 70 ms (Millisekunden) vom Satelliten bis zum Empfänger. Wir hätten es also mit einem Fehler von $44{,}5 \times 10^{-9}\,\%$ von 70 ms $\approx 0{,}03$ ns zu tun. Dies entspricht einem Streckenfehler von nur etwa einem Zentimeter.

Die zuweilen aufgestellte Behauptung, man könne ohne relativistische Korrektur keine Satellitennavigation betreiben, ist demnach so pauschal nicht haltbar. Ebenso wenig würden sich die relativistischen Fehler mit der Zeit aufaddieren, da ja bei jeder Messung eine Uhrensynchronisation vorgenommen würde. Die Satellitenuhren (und mit ihnen auch die synchronisierten Empfängeruhren) würden zwar nach und nach immer mehr gegenüber der „normalen" Weltzeit, UTC, vorgehen, bei der Ortung im Raum würden wir davon aber nichts bemerken. Ganz anders sähe das Ergebnis allerdings aus, wenn die Empfänger präzise Atomuhren zur Ortung verwenden würden. In diesem Fall würde sich die relativistische Drift der Satellitenuhren durchaus in einem immer größer werdenden Fehler bemerkbar machen – in der realen Praxis jedoch ist dies nicht der Fall.

Und dennoch werden die Satellitenuhren vor dem Start aus verschiedenen Gründen relativistisch korrigiert. Die ältesten derzeit in Betrieb befindlichen GPS-Satelliten sind bereits über 20 Jahre im All, wohingegen die jüngsten erst seit zwei Jahren ihren Dienst verrichten. Ohne relativistische Korrektur würden die Atomuhren dieser Satelliten heute um etwa eine viertel Sekunde auseinander laufen. Man müsste entsprechend die relativistische Uhrendrift eines jeden GPS-Satelliten einzeln betrachten und im Korrekturterm, der mit der Navigationsnachricht übertragen wird, berücksichtigen.

Die angesprochenen Korrekturen durch die Kontrollstation können nicht „in Echtzeit" erfolgen sondern benötigen etwas Zeit. Zur Berechnung der Satellitenposition aus den in der Navigationsnachricht übertragenen Keplerparametern, ist die Kenntnis der möglichst exakten Systemzeit erforderlich. Da sich die Satelliten mit nahezu vier Kilometern pro Sekunde recht schnell bewegen würde die relativistische Uhrendrift ohne Korrektur dazu führen, dass man die Position der Satelliten nicht mehr so exakt aus den Parametern der Navigationsnachricht ausrechnen könnte.

Ein weiterer Aspekt ist, dass GPS neben der Ortung im Raum auch eine hochpräzise Zeitinformation liefern soll. Diese ist beispielsweise für die Synchronisation von Finanztransfers, von Daten und von Netzwerken erforderlich. Die Genauigkeit dieser Zeitinformation liegt, je nach verwendetem Empfänger, im Nanosekundenbereich. Diese Präzision wäre ohne relativistische Korrekturen nicht möglich, da die Satellitenuhren dann der Weltzeit UTC pro Tag um etwa 38 µs davonlaufen würden.

Neben den beschriebenen relativistischen Effekten, werden bei Präzisionsmessungen auch noch andere berücksichtigt. Diese entstehen durch die nicht ganz kreisrunde, also leicht elliptische Satellitenbahn (vgl. 5.1) und dadurch, dass die Erde sich dreht, also kein sogenanntes Inertialsystem ist. Die Effekte sind für die meisten Anwendungen vernachlässigbar gering. Will man jedoch, wie im folgenden Fall, ganz genau hinsehen, so müssen sie berücksichtigt werden.

Ausblick: Die Galileo Satelliten Doresa und Milena

5

Am 22. August 2014 wurden die ersten beiden sogenannten Full Operational Capability (FOC) Satelliten „Doresa" und „Milena" des Galileo Systems ins All geschossen – allerdings nicht in die für sie vorgesehene Umlaufbahn. Aufgrund eines Fehlers bei einer Zündung der Raketenoberstufe landeten die beiden Satelliten anstatt im annähernd kreisförmigen Zielorbit mit 23.200 km Bahnhöhe in einem stark elliptischen mit falscher Bahnhöhe. Nach einigen Korrekturen ist diese mittlerweile nicht mehr ganz so stark elliptisch und schwankt nun zwischen 17.200 km und 26.000 km. Dieser Rückschlag für Galileo war zugleich ein Glücksfall für die Forschung. Denn zwei Satelliten mit je vier höchst präzisen Atomuhren an Bord, in einem Orbit für den die Uhren nicht korrigiert wurden, bieten die Möglichkeit, relativistische Effekte in nie da gewesener Präzision zu untersuchen.

Unter Berücksichtigung der sich ändernden Bahnhöhe wird (3.8) zu:

$$\left(\frac{\Delta f}{f}\right)(r)_{SRT+ART} = -\left(\frac{3GM}{2ac^2} + \frac{\Phi_E}{c^2}\right) + \frac{2GM}{c^2}\left(\frac{1}{a} - \frac{1}{r}\right) \tag{5.1}$$

Dabei ist a die große Halbachse der Keplerellipse, r der nun veränderliche, also zeitabhängige, Abstand des Satelliten vom Rotationszentrum und Φ_E das effektive Gravitationspotenzial der Erde (vgl. [3]). Es entspricht näherungsweise dem Newton'schen Gravitationspotenzial $\Phi = -GM/R_E$ an der Erdoberfläche, berücksichtigt aber, wie oben angesprochen, auch noch weitere Aspekte wie beispielsweise die Erdrotation.

Die erste Klammer auf der rechten Seite der Gleichung entspricht dem relativistischem Korrekturterm in [3.8]. Der zweite Term bringt die veränderliche Bahnhöhe ins Spiel und führt zu periodischen Schwankungen in der Frequenz der Satellitenuhren auf Grund des sich ändernden Abstandes von der Erdoberfläche. Erste Messungen

© Springer Fachmedien Wiesbaden GmbH, ein Teil von Springer Nature 2018   35
T. Schüttler, *Relativistische Effekte bei der Satellitennavigation*, essentials,
https://doi.org/10.1007/978-3-658-22161-4_5

der Signale der Satelliten ergaben eine Übereinstimmung des theoretischen Modells mit den tatsächlichen Messwerten im Bereich von Bruchteilen einer Nanosekunde (vgl. Abb. 5.1). Genauere Auswertungen der Langzeitmessungen werden derzeit von verschiedenen Instituten durchgeführt.

Die beiden auf Abwegen befindlichen Galileo Satelliten bieten damit eine einmalige Gelegenheit zu untersuchen, wie genau die aus der Einstein'schen Theorie abgeleiteten und bei GPS und Galileo angewandten Vorhersagen in der Realität zutreffen. Die Satellitennavigation ist damit nicht nur eine moderne Technologie, bei welcher diese Theorien Berücksichtigung finden, sie ist mittlerweile selbst zu einem Testfeld dafür geworden. Da die allgemeine Relativitätstheorie für die gesamte Kosmologie und damit für die Frage nach der Entstehung des Universums von fundamentaler Bedeutung ist, bleibt sie auch im 21. Jahrhundert ein überaus wichtiges und obendrein faszinierendes Forschungsgebiet.

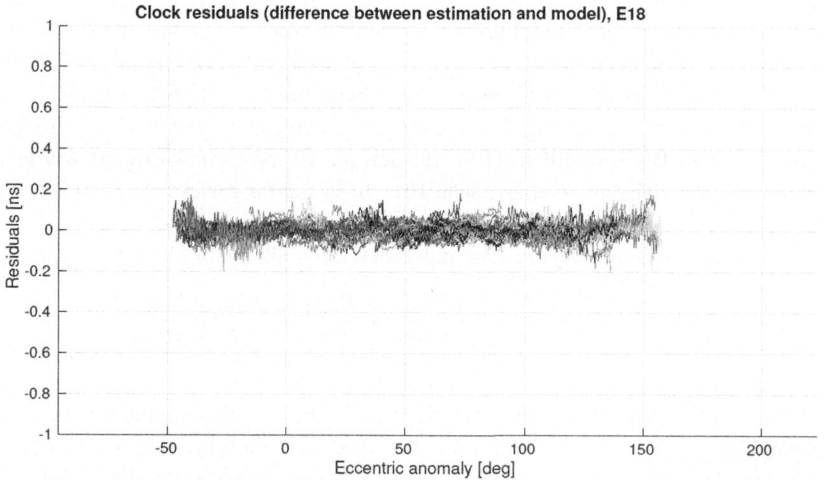

Abb. 5.1 Die Abweichung der Messergebnisse von den theoretischen Vorhersagen beträgt nur Bruchteile einer Nanosekunde. (Quelle: Giorgi et al.)

Was Sie aus diesem *essential* mitnehmen können

- Die spezielle und allgemeine Relativitätstheorie haben dazu geführt, das Konzept der Zeit und des Raumes völlig neu zu denken: „*Die* Zeit" an sich gibt es nicht.
- Satellitenuhren *bewegen* sich in einem schwächeren *Gravitationspotenzial*. Je nach Bahnhöhe gehen sie daher im Allgemeinen schneller oder langsamer als Referenzuhren auf der Erde.
- Die relative Frequenzveränderung ist

$$\left(\frac{\Delta f}{f}\right)(r)_{SRT+ART} = -\left(\frac{3GM}{2ac^2} + \frac{\Phi_E}{c^2}\right) + \frac{2GM}{c^2}\left(\frac{1}{a} - \frac{1}{r}\right)$$

- Die Uhren von Navigationssatelliten werden relativistisch korrigiert. Dies hat in erster Linie praktische Gründe.
- Beim Ortungsvorgang werden die Empfängeruhren mit den Satellitenuhren synchronisiert. Daher würde man die relativistische Uhrendrift mit einem normalen Empfänger ohne Atomuhr nicht bemerken.
- Die relativistischen Einflüsse konnten durch Messung der Signale von Navigationssatelliten auf Bruchteile einer Nanosekunde genau bestätigt werden.

© Springer Fachmedien Wiesbaden GmbH, ein Teil von Springer Nature 2018   37
T. Schüttler, *Relativistische Effekte bei der Satellitennavigation*, essentials,
https://doi.org/10.1007/978-3-658-22161-4

Literatur

1. Beyvers, G., & Rosenbaum, E. (2009). *Kleines 1 × 1 der Relativitätstheorie: Einsteins Physik mit Mathematik der Mittelstufe.* Heidelberg: Springer.
2. Fließbach, T. (2012). *Allgemeine Relativitätstheorie* (Bd. 7). Berlin: Springer Spektrum.
3. Giorgi, G., Lülf, M., Günther, C., Herrmann, S., Kunst, D., Finke, F., & Lämmerzahl, C. (2016). Testing general relativity using Galileo satellite signals. In Signal Processing Conference (EUSIPCO), 2016 24th European (S. 1058–1062). IEEE.
4. Mansfeld, W. (2013). *Satellitenortung und Navigation: Grundlagen und Anwendung globaler Satellitennavigationssysteme.* Wiesbaden: Springer.
5. Schüttler, T. (2014). *Satellitennavigation: Wie sie funktioniert und wie sie unseren Alltag beeinflusst.* Berlin: Springer.
6. Sonne, B., & Weiß, R. (2013). *Einsteins Theorien: Spezielle und Allgemeine Relativitätstheorie für interessierte Einsteiger und zur Wiederholung.* Berlin: Springer.

© Springer Fachmedien Wiesbaden GmbH, ein Teil von Springer Nature 2018

T. Schüttler, *Relativistische Effekte bei der Satellitennavigation,* essentials,

https://doi.org/10.1007/978-3-658-22161-4